大艺术家讲萌趣动物

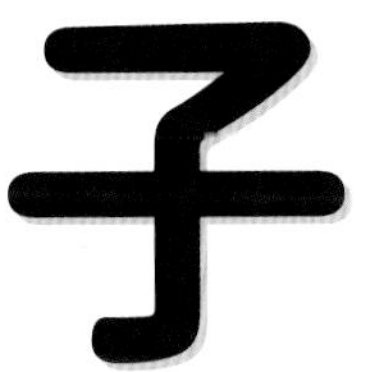

[法] 蒂埃里·德迪厄◎著/绘　　郑宇芳◎译

四川科学技术出版社

《美丽中国》纪录片副导演　杨晔

从我记事开始，动物总是相伴于我的生活和成长。下雨天，门前马路上跳过的青蛙，动物园里在笼中徘徊的黑豹，小学毕业旅行时在青海湖见到的一群斑头雁，初中在操场做操时飞过树林的一只大猫头鹰……这些记忆伴随着我的成长，为一个孩子的童年带来了无限的快乐和梦想。

那时，互联网还没有普及，想要了解动物知识并非易事，介绍动物的科普书大部分是文字版的，而且充满了各种专业名词，对于一个刚刚识字的孩子来说，只能望书兴叹。毕业后，我进入英国广播电视公司（BBC）自然历史部，从事野生动物纪录片的相关制作工作。在工作之余的闲暇时光，我和同事们一起吃饭聊天，才知道他们并不一定是野生动物专业科班出身，但他们从小都非常热爱自然、热爱动物。他们通过各种渠道来了解动物们的种种故事，而图书，特别是那些制作精美、画面生动的科普图画书，曾在他们幼小的心灵里播撒下了科学的种子，激起了他们对自然的热爱、对动物保护的兴趣，促使他们将这种热爱和兴趣发展成为职业，从而开始了动物保护事业。

今天，我很高兴可以和大家聊聊这样的科普图画书。这套《大艺术家讲萌趣动物》由法国著名的艺术家、图画书作家蒂埃里·德迪厄创作，他在法国享有盛名，曾荣获女巫奖、龚古尔文学奖等重要奖项。为了表彰他在儿童文学领域取得的巨大成就，2010年，他被授予法国儿童图书大奖——“魔法师特别大奖”。他的画风简洁、活泼可爱，文笔则透露出机智和幽默，深受小朋友们的喜爱。这套专门为学龄前儿童创作的图画书简约但不简单，作者精心选取了自然界中孩子们最感兴趣的多种动物，用幽默风趣的绘画和简洁明了的文字描绘了这些动物或广为人知，或普通人鲜有耳闻的行为和习性，从而帮助孩子们走近和了解这些动物。通过阅读这些书，孩子们了解到：童话中的大灰狼在现实中也有它害怕的天敌；勤劳的蜜蜂是舞蹈高手，因为它们要通过跳舞来传递信息；大猩猩和人类一样，也会使用工具；雄狮的工作不是捕食，而是巡视领地……这些知识对孩子们而言十分容易理解和接受，孩子们通过阅读，能感受动物世界的神奇与美好，而这也正是作者希望通过这些书传递给小读者们的情感。

作为一名科普教育工作者，我为孩子们有机会读到这样的优质图书而高兴。希望孩子们在阅读之后，能更好地感知和认识动物的生存价值，尊重和爱护它们；将动物当作人类真正的朋友，不去伤害它们，和它们和平共处，共同维护更加美好的地球家园。

让我们一起走进美好的动物世界，去感受自然的神奇和伟大吧！

"在这儿，我能看到狮子有没有来。"

狮子是万兽之王。

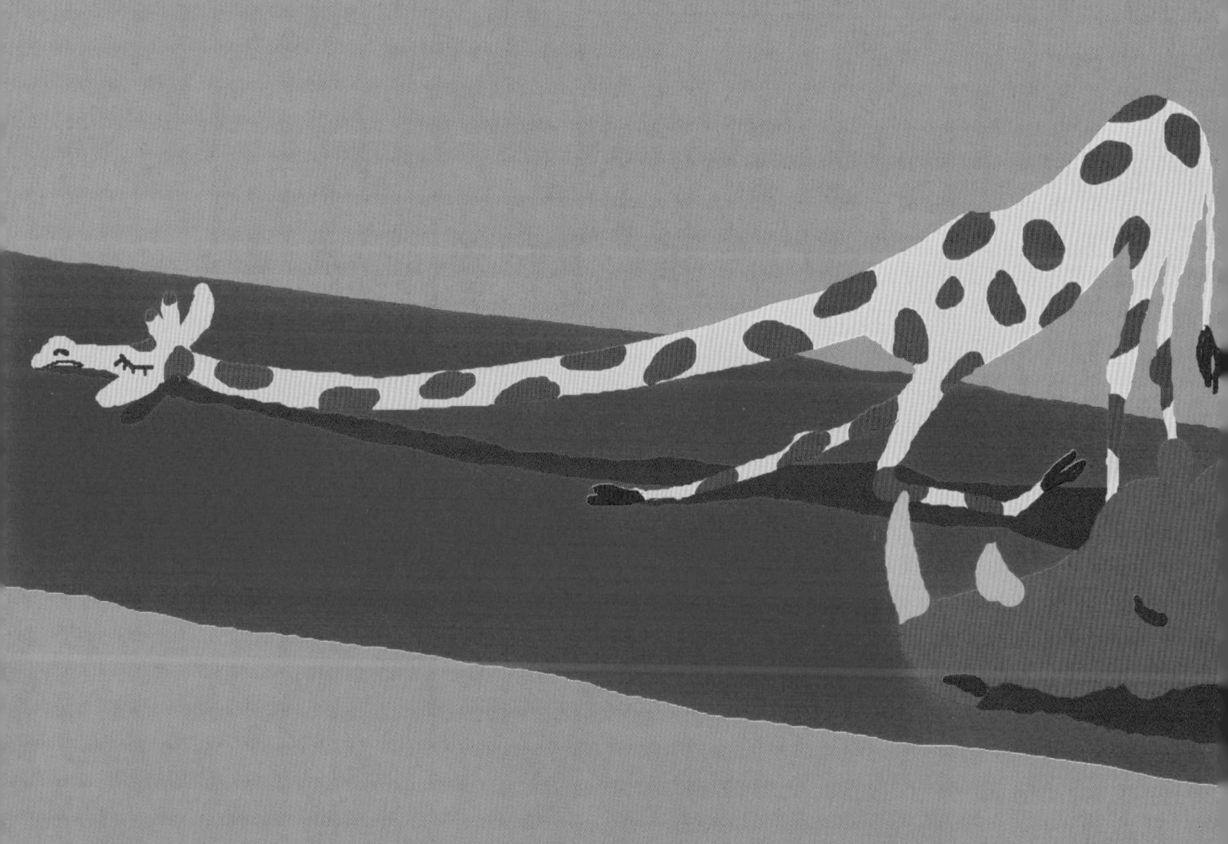

165

狮子的肌肉非常发达。

雄狮非常懒，

几乎大部分时间都在睡觉。

一般都是雌狮捕猎。

狮子没有天敌。

但时不时地，

会出现另外一只狮子想与它“决斗”。

狮子是群居动物。

狮子会爬树。

狮子吃斑马、角马、羚羊……

有时候，也吃猴子。

狮子主要生活在非洲撒哈拉沙漠以南的草原上。

狮子的吼叫声能传到

几千米之外！

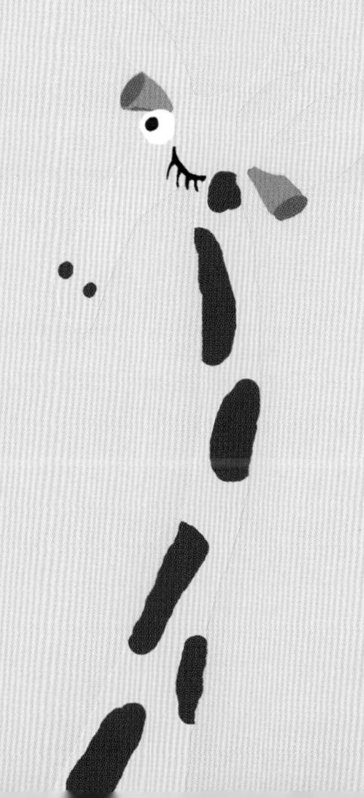

“我弄丢了我的钥匙！
在哪儿能找到呢？”

阅读拓展

被称为“万兽之王”的狮子，一直是孩子们非常喜欢的大型猫科动物。与其他猫科动物喜欢独自生活不同，在竞争激烈的非洲大地上，狮子通常会组成族群，每一族群有8～30个成员，而雌狮是族群中的核心。作为世界上唯一一种雌雄两态（雌性和雄性在外形上差异很大）的猫科动物，拥有长鬃毛的成年雄狮在族群中往往单独活动，因为它们的任务是游走在领地的边界线上来保卫领地，而狩猎的任务则由雌狮们来完成。

狮子是进化最成功的猫科动物之一，群体生活这一特点使它们具有竞争性和适应性，所以在鼎盛时期，狮子的活动区域从非洲扩展到欧洲、亚洲，然后扩展至北美，最终到达南美。当时的地球，气候温暖适宜，到处是开阔的草原，生活着大量的草食动物。而以草食动物为食的狮群极其适应这种环境，成为顶级霸主。后来，随着环境和气候的变化，狮子的活动区域又慢慢退缩到非洲至印度一线，最终只保留了非洲狮和亚洲狮这两支血脉。其中非洲狮分布在撒哈拉沙漠以南的草原上，而亚洲狮则生活在印度西北部古吉拉特邦的吉尔森林中，目前仅有300～400头。

狮子还有一种特殊的杀婴行为。通常，在一个狮群中只有一头雄狮，如果有两头，则认其中一头为头领。在狮群中，只有头领拥有繁殖权，所以当新的雄狮占领狮群后，它会杀死群体中所有的幼狮，即上一头雄狮的后代，以确保自己有足够多的后代可以成活，虽然这种杀婴行为非常残忍，但其实体现了大自然中的适者生存法则。

图书在版编目（CIP）数据

大艺术家讲萌趣动物．狮子 /（法）蒂埃里·德迪厄著、绘；郑宇芳译．-- 成都：四川科学技术出版社，2021.8
ISBN 978-7-5727-0209-9

Ⅰ．①大… Ⅱ．①蒂… ②郑… Ⅲ．①动物－儿童读物②狮－儿童读物 Ⅳ．① Q95-49 ② Q959.838-49

中国版本图书馆CIP数据核字(2021)第156543号

著作权合同登记图进字21-2021-253号

大艺术家讲萌趣动物·狮子

DA YISHUJIA JIANG MENG QU DONGWU · SHIZI

出品人	程佳月		
著　者	[法] 蒂埃里·德迪厄		
译　者	郑宇芳		
责任编辑	梅　红		
助理编辑	张　姗		
策　划	奇想国童书		
特约编辑	李　辉		
特约美编	李困困		
责任出版	欧晓春		
出版发行	四川科学技术出版社 成都市槐树街2号　邮政编码：610031 官方微博：http://weibo.com/sckjcbs 官方微信公众号：sckjcbs 传真：028-87734035		
成品尺寸	180mm × 260mm	印　张	2
字　数	40千	印　刷	河北鹏润印刷有限公司
版　次	2021年10月第1版	印　次	2021年10月第1次印刷
定　价	16.80元	ISBN 978-7-5727-0209-9	

本社发行部邮购组地址：四川省成都市槐树街2号　电话：028-87734035　邮政编码：610031